DEUTSCHE AKADEMIE DER WISSENSCHAFTEN ZU BERLIN

Veröffentlichungen der Sternwarte in Sonneberg

Band 4

Heft 4

C. HOFFMEISTER

Beobachtungen des verstärkten Nachthimmelleuchtens in den Jahren 1946 bis 1957

Akademie-Verlag GmbH · Berlin 1959

C. Hoffmeister

Beobachtungen des verstärkten Nachthimmelleuchtens in den Jahren 1946 bis 1957

Veröffentlichungen der Sternwarte in Sonneberg · Band 4, Heft 4

DEUTSCHE AKADEMIE DER WISSENSCHAFTEN ZU BERLIN

Veröffentlichungen der Sternwarte in Sonneberg

Band 4

Heft 4

C. HOFFMEISTER

Beobachtungen des verstärkten Nachthimmelleuchtens in den Jahren 1946 bis 1957

Akademie-Verlag GmbH · Berlin 1959

Erschienen im Akademie-Verlag GmbH, Berlin W 1, Leipziger Straße 3—4

Lizenz-Nr. 202 · 100/666/59
Gesamtherstellung: VEB Druckerei „Thomas Müntzer" Bad Langensalza
Bestellnummer: 2006/IV/4
Preis: DM 3,50
Printed in Germany
ES 18 D 3

Mit dem vorliegenden Bericht wird eine dreißigjährige systematische Überwachung der nicht polarlichtartigen Leuchtvorgänge der hohen Atmosphäre vollendet. Vom Beginn des Jahres 1928 an wurden Aufzeichnungen über den Himmelsanblick auch in denjenigen Nächten vorgenommen, die keine abnormen Erhellungen aufwiesen, so daß auf dieser Grundlage nunmehr eine einigermaßen strenge Statistik möglich ist, deren Ergebnisse an anderer Stelle veröffentlicht werden sollen. Über die Art der Ausführung der Beobachtungen und über die Erscheinungen selbst sind einige Angaben gemacht in der Zusammenstellung meiner gleichartigen Beobachtungen in Südwestafrika 1952—53 (Veröffentl. Sternwarte Sonneberg Band 3 S. 454 ff.).

Die Beobachtungen früherer Jahre sind sämtlich in den „Mitteilungen der Sternwarte zu Sonneberg" enthalten; hier folgt das Verzeichnis.

Mitt.	Nr.	11	Beobachtungen	bis Ende		1927
„	„	19	„	1928	bis	1930
„	„	26	„	1931	„	1933
„	„	32	„	1934	„	1936
„	„	35	„	1937	„	1939
„	„	37	„	1940	„	1942
„	„	40	„	1943	„	1945

Die Zeitangaben sind astronomische MEZ, zur Vermeidung des Datumwechsels während der Nacht von Mittag ab gezählt. Koordinatenangaben im Text ohne besondere Kennzeichnung sind immer Rektaszension und Deklination. Das Äquinoktium ist 1925.0, ist aber ohne wesentliche Bedeutung, da die Örter meist nur auf volle Grade genau angegeben sind. Unter „Tage ohne Erhellungen" sind diejenigen Nächte bezeichnet, in denen trotz günstiger Umstände keine Erscheinungen wahrgenommen worden sind, und zwar auch dann, wenn wegen Mond oder Bewölkung nur ein Teil der Nacht geeignet war. Dies bedeutet keine merkliche Einschränkung, weil die hier in Betracht kommenden Erscheinungen viel beständiger sind als etwa das Polarlicht. Eingeklammerte Daten bezeichnen Nächte mit weniger günstigen Umständen, jedoch so, daß eine mäßig starke Erscheinung hätte erkannt werden können. Beobachtungsort ist die Sternwarte Sonneberg, $\lambda = 11°12'$ E, $\varphi = +50°23'$ H = 640 m.

1946

Januar

2 8^{h} Erhellung mit Struktur am tiefen N-Himmel.

9 Starker Leuchtstreifen von Cepheus nach dem nördlichen Teil von Cygnus, Horizontalknoten NNE.

10 Erhellung mehr diffus und auf den tiefen N-Himmel beschränkt.
Folgende Beobachtungen von P. AHNERT:
Von 11^{h} ab starke Erhellung über NE-Horizont.

13 Starker, etwa $2\overset{\circ}{.}5$ bis 3° breiter Leuchtstreifen waagerecht von S 30° W bis W, unten begleitet von dunkler Spalte von β Leporis $\rightarrow$ oberhalb α Ceti $\rightarrow$ β Arietis. Darunter wieder ein heller Streifen, dessen Unterkante völlig diffus ist.

$14^{h}15^{m}$ ist diese Erscheinung abgesunken und Horizontlicht in dieser Gegend nur noch wenig verstärkt.

$14\ 50$ Etwa 2° breiter heller Streifen von c Arietis über ε Trianguli nach der Mitte von Lacerta.

3 $15^{h}7^{m}$ Bankartige geringe Verstärkung des Horizontlichts in S und SSE.

6 8^{h} Horizontlicht in N verstärkt; in E Leuchtstreifen, mäßig schwach auf verhältnismäßig dunklem Grund. K-Punkt etwa N, Bewegung sehr langsam. — Später nur diffuse Erhellungen, doch schien gegen 11^{h} die Allgemeinhelligkeit zugenommen zu haben.

7 9^{h} Bei verschleiertem Himmel ist etwa in der Mitte zwischen α Cygni und ζ η Ursae majoris eine Stelle von Milchstraßenhelligkeit zu sehen, offenbar Leuchtstreifen.

Nach Aufheiterung, gegen Mitternacht, sind in der zweiten Hälfte der Nacht Leuchtstreifen stärkster Art sichtbar. Die Streifen sind meist breit und diffus, der Himmelsgrund ist allgemein stark erhellt. Es bestehen zwei sich überschneidende Systeme mit wenig verschiedenen K-Punkten, die um $16^{h}5^{m}$ mit W 20° S und W 35° S bestimmt wurden. Neben den Streifen traten auch chaotische Formen auf, besonders gegen $14\overset{h}{.}5$ rechts von Orion. — Gegen 17^{h} hat die Erscheinung mehr diffusen Charakter; die Streifen sind noch erkennbar, jedoch auf stark erhelltem Grund. — Die Bewegung war schwer erkennbar. Nach Bestimmungen um 17^{h} war sie aus SSE gerichtet. — Gegen $17\overset{h}{.}4$ hat die Intensität allgemein etwas abgenommen. Die hellsten Teile sind zum tiefen N-Himmel abgezogen. — Um $17\overset{h}{.}7$ diffus erhellter Himmel mit nur noch wenigen Einzelheiten.

Bewegung von Wolken:			
$16^{h}55^{m}$	166°	$+69^{\circ}$	Helle Wolke in einem Streifen
17 1	161	+ 74	
17 7	146	+ 78.5	
17 5	263	+ 59	diffuse Wolke
17 10	271	+ 65	
17 22	293	+ 74	
17 24	221	+ 37	diffuse Wolke
17 31	225	+ 46	

8 Gegen 13^{h} starke, völlig diffuse Erhellung des ganzen Himmels, bald darauf wieder bewölkt (Beob. AHNERT).

25 Horizontlicht etwas verstärkt.

26 $9\overset{h}{.}4$ Himmel dunkel, nur in NE helle Bank; diffuse Obergrenze 1° unter α Canum venaticorum.

12^{h} bis 13^{h} Allgemein diffus erhellt, mäßig stark.

$14\overset{h}{.}5$ Wieder dunkler.

27 Anfangs der Nacht dunkel, gegen 11^{h} schwach diffus erhellt.

Tage ohne Erhellungen: (1), 4, (5), 9, 21, 22, 23, 24

1946

Februar

25 8h8 Himmel allgemein erhellt. Schmale, sehr diffuse Leuchtstreifen. In SE helle Bank.
9.3 Erhellung stark; besonders am N-Himmel diffuse Streifen.
9.5 K-Punkte in NE und E 25° N.
10.5 Streifen am S-Himmel haben K-Punkt etwa E 10° N.
11.2 Erscheinung weniger auffällig und sehr diffus.
11.8 In W sehr hell, aber ganz diffus. — Später verschleiert.

Tage ohne Erhellungen: 19, 21

März

1 Himmel diffus erhellt (Beob. AHNERT).
29 Himmel diffus erhellt ?

Tage ohne Erhellungen: 3, (9), 13, 27, 30, 31

April

Tage ohne Erhellungen: 1, 2, 3, 4, 6, 8, 9, 10, 19, 20, 21, 22, 26, 27, 28, 29, 30

Mai

Tage ohne Erhellungen: 1, 2, 3, 8, 9, 10, 11, 19, 20, 21, 22, 23, 28, 30

Juni

Tage ohne Erhellungen: 2, 5, 7, 8, 9, 27, (29), 30

Juli

26 Gleichzeitig mit Nordlicht wurde eine mäßig starke streifenförmige Erhellung beobachtet.

Tage ohne Erhellungen: 1, 2, 4, 19, 21, 24, 25

August

29 Horizontlicht in N verstärkt.
30 Horizontlicht in N verstärkt.

Tage ohne Erhellungen: 3, 4, 5, 6, 17, 24, 27, 28, 31

September

22 Bei teilweiser Bewölkung mäßig schwache Erhellung. Nähere Angaben fehlen.
23 Starkes Horizontlicht in N, jedoch 10h bis 10h5 Nordlicht.
25 Schwache diffuse Erhellung.
27 Himmel etwas weißlich.

Tage ohne Erhellungen: 2, 3, 5, 14, 20, (21), 26, 28, 29, 30

Oktober

23 Horizontlicht verstärkt.
24 Geringe Verstärkung des Horizontlichts.

Tage ohne Erhellungen: 1, 2, 16, 18, 19, 20, 25, (26), 31

November

Tage ohne Erhellungen: 2, 20, 21, 23, 28

1946

Dezember

20 Anfangs der Nacht war der Himmel dunkel, nur in NW geringe Verstärkung des Horizontlichts. Gegen $8^{h}.5$ Leuchtstreifen in NW, in geringer Anzahl und mäßiger Stärke andauernd (Beob. AHNERT). — Gegen 12^{h} allgemeine schwache Erhellung mit sehr diffusen Streifen, die nur selten deutlich in Erscheinung treten. K-Punkt etwa E 30° N. Bewegung vielleicht aus N, bei der Unbeständigkeit der Streifen kaum sicher erkennbar und offenbar langsam. Gegen 14^{h} nur schwache Streifen, besonders in NW. Um 18^{h} keine besonderen Erscheinungen.

31 13^{h} bis 17^{h} Himmel vielleicht ganz schwach diffus erhellt.

Tage ohne Erhellungen: 14, 16, 17, 18, 19, 21, 22, 23, 27, 28

1947

Januar

30 $14^{h}.7$ Nach Monduntergang starke Erhellung des N-Himmels.

14.9 Die Erhellung am N-Himmel vorwiegend diffus mit schwacher Streifung. Ganzer Himmel stark aufgehellt. K-Punkt der Streifen etwa W 10° N.

In dieser Form bestand die Erscheinung zunächst ohne wesentliche Änderungen weiter.

$16^{h}30^{m}$ In NE hat sich unter Cygnus in 5° Höhe eine helle Bank ausgebildet. Der K-Punkt der Streifen scheint jetzt etwa W 20° N zu sein. Ein zweites, sehr schwaches Streifensystem, fast senkrecht zu dem ersten, ist am hohen N-Himmel zu erkennen.

16 46 Sehr diffuse Streifen des 2. Systems von η Persei gegen h UMa. Horizontalknoten genau N.

16 54 Vorerwähnter Streifen von γ Per nach 138° + 50°. Stufe in NE diffus geworden.

16 59 Streifen erscheint jetzt als längliche Wolke mit Schwerpunkt 100° + 59°.

17 8 Schwerpunkt der sehr diffusen Wolke 108° + $55^{\circ}.5$. Helle Stellen im Perseus, dem 1. System angehörend.

17 17 Wolke kaum noch erkennbar, etwa bei 110° + 51°.

17 18 Schwacher Streifen von 9° + 76° nach 133° + 62° mit Horizontalknoten NE.

17 29 Vorerwähnter Streifen kaum noch erkennbar; Schwerpunkt wahrscheinlich bei 105° + 69°. Gesamteindruck der Erscheinung etwas chaotisch, zum Teil wegen der Milchstraßenwolken.

17 46 Erscheinung weniger stark. Große Helligkeit am tiefen N-Himmel, sonstiger Himmel diffus erhellt ohne Einzelheiten. Milchstraße jetzt besser sichtbar.

18 6 Erscheinung unverändert. — Dämmerung kommt auf.

31 $16^{h}.1$ Nach Monduntergang gesamter Himmel sehr stark erhellt. Breite und schmale Streifen, die sich vom Grund wenig abheben, überall, auch in der Zenitgegend. Offenbar wieder 2 Systeme. Ein Streifen am SE-Himmel, parallel dem Horizont, wird unten durch α Lib begrenzt. Obere Grenze etwas über α Vir, Achse $2^{\circ}.5$ unter α Vir. Andere Streifen stehen senkrecht dazu, hauptsächlich solche in UMa und CVn.

16.6 In der Zenitgegend zahlreiche Streifen; K-Punkt ungefähr E 20° S. Die Streifen sind sehr rasch veränderlich, so daß es nicht gelingt, die Bewegung zu ermitteln. — Der breite diffuse Streifen am SE-Himmel dürfte jetzt die Achse von 202°−5° nach α Ser haben.

16.9 Die Erscheinung ist sehr hell und sehr diffus. Streifen in der Zenitgegend kaum noch erkennbar.

17.2 Wieder einige Streifen in der Zenitgegend. Dunkle Spalte von $\beta\gamma$ UMa genau nach NW weisend. — Es gelingt nicht, Bewegungen zu bestimmen wegen der sehr raschen Veränderlichkeit der Einzelheiten.

1947

17^h.8 Diffuse Helligkeit allgemein etwas vermindert. Kaum Streifen zu erkennen.
18.0 Unverändert.

Tage ohne Erhellungen: 16, 24, 25, 26, 27, 28, 29

Februar

1 17^h.5 Nach Verschwinden der Monddämmerung Himmel stark erhellt, auch in S; sehr diffus. Wolken von 10° bis 15° Durchmesser bilden sich manchmal aus, heben sich aber kaum vom erleuchteten Grund ab. Milchstraße schwach sichtbar.
18.1 Sehr diffuser, 6° breiter Streifen am N-Himmel von Cassiopeia nach links. Horizontalknoten ungefähr E 15° N.

12 Von 7^h bis 12^h Himmel schwach diffus erhellt, um 9^h Verdacht auf Streifung in N, nach 12^h bewölkt.

Tage ohne Erhellungen: 17, (24), 26

März

Tage ohne Erhellungen: 15, (16), (17), 24, 25

April

Tage ohne Erhellungen: (8), 10, 11, 12, 13, 15, 16, 17, (18), 20, 21, 24, 25, 26

Mai

Tage ohne Erhellungen: 7, 8, (9), 10, 11, (12), 13, 14, 19, (20), 21, 23,

Juni

Tage ohne Erhellungen: 12, 13, 16, 17, (18), 23, 24, 25, 26

Juli

Tage ohne Erhellungen: 8, 12, 13, 14, 15, 16, 18, (19), 20, 21, 22, 23, 25, 26, 28

August

13 Horizontlicht von NW bis E gering verstärkt.
14 11^h.4 Leuchtstreifen am W-Himmel, schwach, K-Punkt W 40° N. Horizontlicht allgemein etwas verstärkt.
12.3 Keine Streifen, aber diffus erhellt.
15.5 Keine Streifen; Himmel offenbar etwas dunkler geworden.
16 Horizontlicht verstärkt, aber von 12^{h}20^m ab schwaches Nordlicht.
18 Horizontlicht verstärkt.

Tage ohne Erhellungen: 9, 12, 17, (19), (20), 21, 22, 25, 26, 27

September

Tage ohne Erhellungen: (6), 7, 10, 11, 12, 13, 14, 15, 16, 17, 18, 19, 20, 26

Oktober

10 Himmel diffus erhellt, keine Richtung stärker bevorzugt.
12 Schwach diffus erhellt.
13 Abends Horizontlicht verstärkt, nachts zunehmend diffus erhellt.
14 Abends diffus erhellt, besonders in E.
19 Horizontlicht verstärkt, anfangs in NE, später ringsum. In größeren Höhen dunkel.
20 Horizontlicht verstärkt, in größeren Höhen dunkel. Von 15^h ab schwache Leuchtstreifen am Westhimmel aus WSW aufkommend.
21 Horizontlicht verstärkt, N-Horizont ziemlich stark diffus erhellt.

1947

22 Horizontlicht verstärkt, besonders in NW.
26 Erhellung, ohne nähere Angaben.

Tage ohne Erhellungen: 6, 8, 9, (15), (17), 18, (23), (24), 25, 27

November

Tage ohne Erhellungen: 2, (5), (13), 15, 18

Dezember

Tage ohne Erhellungen: (3), (13), 18, 31

1948

Januar

20 Mäßig starke diffuse Erhellung.

Tage ohne Erhellungen: —

Februar

Tage ohne Erhellungen: 1, (3), 12, 13, 26, 27, 28, 29

März

10 Horizontlicht verstärkt, besonders abends in SE. Vielleicht allgemeine schwache diffuse Erhellung.

Tage ohne Erhellungen: 1, 2, 3, 4, 5, 6, 13, 14, 18, 26, 27, 28, 29, 30

April

Tage ohne Erhellungen: 2, 4, 6, 10, 13, 25, 26, 27, 28

Mai

Tage ohne Erhellungen: 1, (7), (8), 9, 10, 11, 12, (14), 27, (30), 31

Juni

Tage ohne Erhellungen: 5, 6, 7, 8, 9, 10, 11, 13, 14

Juli

30 Gegen $10^{h}.5$ Leuchtstreifen vor allem am NW-Himmel, in schwächerer Ausbildung auch in anderen Gegenden. Die ziemlich starke Erscheinung bleibt bis nach Mondaufgang sichtbar. Konvergenzpunkt anfangs NW, gegen 12^{h} nicht mehr einheitlich, da ein zweites System nach NNW wies. Mehrere Versuche, die Bewegung zu bestimmen, blieben erfolglos, da sich die Streifen und Wolken sehr rasch veränderten. Sicher ist, daß die Bewegung nur sehr langsam gewesen sein kann. Die Erscheinung war im wesentlichen streifenförmig, nur an manchen Stellen schwach chaotisch. Die Gebilde hoben sich gut ab von dem sehr dunklen Himmelsgrund.

Tage ohne Erhellungen: 4, 27, 28, 29, 31

August

1 Gegen 12^{h} am NE-Himmel sehr diffuse, breite Leuchtstreifen bis etwa 40° Höhe. K-Punkt in NW; geringe Helligkeit. Später Mondlicht.
31 Himmel anfangs dunkel; gegen 12^{h} bis 13^{h} schwache Leuchtstreifen am N-Himmel. $14^{h}.4$ Horizontlicht verstärkt.

Tage ohne Erhellungen: 3, 6, 9, 11, 14, (15), 16, 27, (28), 29, 30

1948

September

2 Himmel weißlich, offenbar diffuse Erhellung.

27 Um $9^{h}.1$ helle Bank in N, deren mäßig scharfe Obergrenze in der Höhe von β—γ UMa lag. Gegen 11^{h} war die Bank unter Diffuswerden ihrer Grenze um etwa 2° abgesunken, anscheinend unter Verschiebung nach NE hin.

Tage ohne Erhellungen: (3), (4), (5), 7, 8, 9, 10, 11, 14, 23, 24, 25, 26, 30

Oktober

8 Himmel schwach weißlich, besonders in N.

Tage ohne Erhellungen: 1, 2, 3, (4), 5, 6, 7, 9, 10, 13, 24, 25

November

5 Himmel diffus erhellt.

6 Himmel diffus erhellt.

24 9^{h} Erhellung in Lücken des Ci und Cs, besonders in NE am Horizont. Gegen 11^{h} aufgeheitert. Himmel in N und NE bis zum Zenit stark erhellt, vorwiegend diffus.
$12^{h}.1$ E-Himmel vorwiegend klar; Erhellung hat diffuse Streifenform, K-Punkt E 15° N. Südlich des Zenits erheblich dunkler.

25 $5^{h}.9$ In der Dämmerung Streifen am N-Himmel.
6.2 Streifen über den ganzen Himmel, K-Punkt in SE. Während der folgenden 2 Stunden starke Streifen; Bewegung langsam, Veränderungen ziemlich rasch.
8.5 K-Punkt S 40° E.
9.7 Erhellung hat zugenommen, Streifen diffuser als vordem; Anblick teilweise chaotisch.
10.8 Dem SE-System sind Streifen mit K-Punkt in SSW überlagert. Ein bei β UMi liegender Streifen hat eine ostwestliche Komponente der Bewegung.
12.0 Erscheinung jetzt fast völlig diffus.
13.4 Bei allgemein stark erhelltem Himmel einige breite diffuse Streifen westlich und nördlich des Zenits mit K-Punkt in SE.
13.8 Erscheinung völlig diffus und sehr gleichmäßig im Azimut; nur schwaches Maximum in NE. — 14^{h} Mondaufgang.

26 Anfangs der Nacht nur mäßig starke Helligkeit am N- und NE-Horizont, etwa 8° hoch, diffus begrenzt.
$8^{h}.6$ Schwacher Streifen 10° hoch in SW. — Später schwache Streifen in NE, K-Punkt etwa SE. Vor 12^{h} bildete sich in E eine scharf begrenzte, sehr helle Bank, die von 12^{h} bis 13^{h} photographisch beobachtet wurde. Die Helligkeit bewegte sich, schwächer werdend, langsam gegen NE hin, wobei sich über der Bank Streifen bildeten und die scharfe Grenze verloren ging. — Später nur allgemein schwache Erhellung, kaum noch Streifen angedeutet. In NE immer noch am hellsten.
14.5 Starke Helligkeit tief in W 10° N, Wolken stören.
16^{h} bis 18^{h} anscheinend keine Erhellungen mehr; schwaches Mondlicht.

27 Anfangs nur Horizontlicht in N verstärkt.
Gegen $8^{h}.5$ und 11^{h} sehr schwache Leuchtstreifen am tiefen SW-Himmel, aus SE gerichtet. Die Erhellung in NE nahm etwas zu. Nach 11^{h} bewölkt; gegen 16^{h} keine besonderen Erscheinungen.

28 Nur Horizontlicht in NE etwas verstärkt.

29 Horizontlicht in NE verstärkt. Gegen 11^{h} schwache Streifen am oberen Rande des Segments, etwa 8° hoch, SE—NW parallel zum Horizont verlaufend. Später nur strukturlose Helligkeit.
$13^{h}.5$ In NE sehr hell, aber diffus, in N fast streifenartig. Am W-Himmel Leuchtstreifen, 20° hoch reichend, schwach und diffus, N—S verlaufend.
Im letzten Teil der Nacht Abnahme. Zwischen 16^{h} und 18^{h} keine wesentlichen Erhellungen mehr.

1948

30 Anfangs der Nacht helles Segment 10° hoch in N und NE. Die Erhellung breitete sich über den ganzen Himmel aus; Maximum weiterhin in NE. Während der zweiten Hälfte der Nacht allgemein starke diffuse Erhellung, nur stellenweise manchmal sehr unscharfe Streifen angedeutet. Einzelheiten in NE offenbar durch Ci gestört.

Tage ohne Erhellungen: 8, 9, 12

Dezember

1 $6^h_.2$ Erhellung in NE, segmentartig. In E unter Aldebaran eine auffällige Wolke, 6° in Azimut, 3° in Höhe ausgedehnt; keine merkliche Bewegung.

6.5 Schwacher Strahlenfächer in NW, K-Punkt genau NW.

Von 7^h bis 8^h Streifenstruktur am oberen Rande des Segments in NE. Während der ganzen Nacht blieb das sehr helle, etwa 10° hoch reichende Segment unverändert bestehen, nur manchmal etwas streifige Struktur ausbildend. Himmel sonst nur sehr gering erhellt.

2 Himmel dunkel, Horizontlicht nicht verstärkt; kein NE-Schein. Von 6^h bis 8^h ringsum völlig gleichmäßig. Später während der ganzen Nacht nur ein sehr geringer Helligkeitsüberschuß in N. Sehr klar.

22 Horizontlicht merklich.

25 Horizontlicht verstärkt, wohl unabhängig von gleichzeitigem Nordlicht.

26 Horizontlicht verstärkt, Himmel schwach diffus erhellt. Am Spätabend Verdacht auf Struktur in N. Die Helligkeit wanderte nach NE ab. Gegen 14^h bis 15^h diffuse Erhellung in W, ohne Besonderheit.

27 Anfangs der Nacht verstärktes Horizontlicht und allgemein diffuse Erhellung, die offenbar zunahm. Später Streifen am NE-Himmel. Folgende Örter beziehen sich auf die Oberkante einer sehr beständigen Lücke:

$10^h_.8$	2° über η UMa
11.8	α Dra → $0^\circ_.5$ über δ UMa
12^h10^m	α UMa → β UMi
12 28	h UMa → ζ 1/2 ε UMi

Allgemeine Erhellung sehr stark.

Um 13^h Streifen im wesentlichen aufgelöst. Himmel dunkler. Stärkste Erhellung in SE bis etwa 12° Höhe. Später allgemein dunkler und ohne besondere Erscheinungen. K-Punkt der Streifen etwa NW, wenig einheitlich.

Tage ohne Erhellungen: 2, 3, 5, 7, 11, 20, 21, 23, 24, 31

1949

Januar

25 Während des starken Nordlichts wurden zwischen 7^h und 8^h in der Nordlichthelligkeit auch Leuchtstreifen bemerkt, die in der Polgegend etwa aus ENE verliefen, doch ließ das Nordlicht keine genaue Beobachtung zu. Nach Mitternacht bildete sich eine starke diffuse Erhellung des ganzen Himmels aus, die offenbar vorwiegend durch Leuchtstreifen verursacht war. Zwischen 14^h und 15^h bestanden 2 Streifensysteme mit K-Punkten in E und N 15° E. Die Streifen waren ausnahmslos sehr diffus.

26 Keine Spuren von Nordlicht mehr. Horizontlicht allseitig verstärkt und Himmel anfangs schwach, später mäßig diffus erhellt.

$10^h_.1$ Dunkler Streifen in N, sieht wie Ci aus.

10^h46^m Dunkle Lücke von α And nach $1^\circ_.5$ über ξ Dra (Sterne zeigen keine Höfe). Darüber ein 2° bis 3° breiter heller Streifen, auch sonst einige Streifen parallel dazu.

10 51 Lücke durch η Cep.

11 5 Lücke durch ι Cep.

1949

11^h15^m Zu diffus.

12^h bis 13^h Stärkere Helligkeit nur in SSE, offenbar allmählich absinkend.

$17\overset{h}{.}4$ Leuchtstreifen in Hydra; E, N, W und Zenit dunkel.

27 Horizontlicht verstärkt und schwache bis mäßige diffuse Erhellung. Zeitweise Andeutung von Streifen.

10^h58^m Sehr schwacher, $0\overset{\circ}{.}5$ breiter Streifen von ϑ nach τ_2 Hya.

11 7 Derselbe Streifen von τ_1 in Richtung auf δ Hya. Inzwischen haben sich weiter links gegen Leo hin zwei ähnliche Streifen gebildet, die bald wieder unsichtbar wurden. — Später bewölkt.

29 Himmel mäßig dunkel, nur Horizontlicht etwas verstärkt. Gegen Mitternacht war die Helligkeit am Horizont in S etwas stärker als in N.

13^h22^m Diffuser, etwa 2° breiter Streifen in SE, ε Crv am oberen Rand, Kulmination in S 25° E.

13 29 β Crv in der Mitte des Streifens.

Später war der Streifen diffus. Keine weiteren Erscheinungen.

Tage ohne Erhellungen: (8), 9, (21), 22, 28 – Nordlicht am 25.

Februar

4 Nach Monduntergang (12^h) war in N und NE das Horizontlicht verstärkt, obere Grenze 30° hoch und sehr diffus. Nach 13^h waren in diesem Lichtschein deutlich schwache diffuse Streifen zu erkennen, deren Konvergenzpunkt etwa bei W 35° N lag.

22 Schwache diffuse Erhellung.

Tage ohne Erhellungen: 1, 2, 3, 6, 17, 19, 20, 21, 26 – Nordlicht am 3. u. 21.

März

19 Horizontlicht in N verstärkt? Störung durch Wolken.

Tage ohne Erhellungen: 2, 3, (7), 8, 20, 21, 22, 23, 24, 25, 26, 27, 28, 29, 30, (31)

April

17 Sehr schwache diffuse Erhellung.

21 Dunkel vor Mitternacht; später vielleicht schwach diffus erhellt.

Tage ohne Erhellungen: (1), (2), 14, 15, 16, 19, 20, (22), 23, 24

Mai

Tage ohne Erhellungen: 1, 2, 3, 16, 17, 22, 27, 28, 30 – Nordlicht am 30.

Juni

Tage ohne Erhellungen: 15, 16, 20, 22, 23, 25, 26, 27, 28, 30

Juli

Tage ohne Erhellungen: 1, 2, 3, 20, 21, 25, 26, 30

August

1 Von 11^h ab sehr schwache Leuchtstreifen bei geringer allgemeiner Erhellung besonders des N-Himmels. Die Streifen waren diffus, Richtung etwa E-W.

20 Erheblich verstärktes Horizontlicht in N nahm zeitweise Streifencharakter an. Die Streifen reichten bis etwa 15° Höhe; sehr schwache diffuse Erhellung bis 40° Höhe. Himmel sonst dunkel. Gegen Mondaufgang (13^h) auch schwache Streifen tief in WNW.

21 9^h30^m Bank in NW mit scharfer Grenze parallel zum Horizont. Die Bank dehnte sich nach oben aus und hatte sich um 11^h völlig in schwache diffuse Flecken und kurze Streifen aufgelöst.

1949

	11^h40^m	In SE, 4° über β Ceti und 4° über α PsA, schwacher Streifen, Horizontalknoten etwa S 30° W. In NNW nur geringe diffuse Erhellung.
	12 18	Streifen in SE von 1° über β Ceti nach o Ceti, bewegt sich anscheinend in seiner Längsrichtung nach links.
22	$9^h.5$	Nur geringe Verstärkung des Horizontlichts in N.
	10.8	Sehr schwache Leuchtstreifen am N- und E-Himmel bis 40° Höhe. K-Punkt E 25° S. Später in der Nacht Abnahme der Intensität. Nach 13^h nur sehr geringe, fast diffuse Erhellungen.

Tage ohne Erhellungen: 4, 5, 14, 15, 23, 24, 25, 26, 27, 28, 30, 31

September

Tage ohne Erhellungen: 1, 2, 3, 4, 15, 18, 19, 20, 22, 23, 24, 25, 26, 27, 28, 29, 30

Oktober

16 Diffuse Erhellung. Bei abnehmender hoher Bewölkung am Anfang der Nacht Erhellung am N-Horizont. Nach Aufheiterung zeigte sich der ganze Himmel diffus erhellt bei allseitig starkem Horizontlicht. Der N war nur unwesentlich heller als andere Gegenden. Erhellung auch über dem S-Horizont. Später verlagerte sich der Schwerpunkt nach dem E-Himmel, der gegen 11^h merklich heller war als der N. Struktur war nicht erkennbar. Nach 12^h Mondlicht.

20 Von 7^h bis $10^h.5$ Horizontlicht verstärkt und schwache diffuse allgemeine Erhellung. Später wolkig bis bedeckt.

22 Von 7^h bis zur Eintrübung nach 14^h Himmel schwach diffus erhellt bei verstärktem Horizontlicht. Norden nicht bevorzugt. Gegen 10^h bis 12^h war die Erhellung in SE ziemlich auffällig.

27 Horizontlicht in N stark.

28 Horizontlicht in N mäßig.

31 Horizontlicht gering verstärkt.

Tage ohne Erhellungen: (1), 2, (18), (21), 23. — Nordlicht am 14. u. 15.

November

18 Horizontlicht gering verstärkt.

21 Horizontlicht augenscheinlich etwas verstärkt.

Tage ohne Erhellungen: 20, 22, 28. — Nordlicht am 19.

Dezember

23 Gegen 15^h Himmel schwach erhellt, besonders in NNE.

24 Während der ganzen Nacht sehr geringe Verstärkung des Horizontlichts.

Tage ohne Erhellungen: 14, 28

1950

Januar

12 Himmel dunkel; sehr geringe Steigerung des Horizontlichts in N.

23 Himmel bis gegen $11^h.5$ ohne Besonderheiten. Dann allmählich zunehmende Verstärkung des Horizontlichts in NE und schwache allgemeine Erhellung. Gegen Ende der Nacht wieder dunkler.

Tage ohne Erhellungen: 17, 18, (19), 20, 21, 22, 24, 25, (26), (28) — Nordlicht am 24.

Februar

Tage ohne Erhellungen: 17, 18, 19, 22

1950

März

18 Am Abend keine Besonderheiten; später, besonders nach Mitternacht, Horizontlicht in S auffällig verstärkt. In N Wolken und Milchstraße.

19 Himmel weißlich, schwache diffuse Erhellung.

Tage ohne Erhellungen: (6), 7, 15, 16, 20, 21, (22), 23, (24), 26. – Schwaches Nordlicht am 21.

April

7 Horizontlicht verstärkt, gegen Mitternacht schwache diffuse Erhellung. Um $12^{h}.7$ Aufkommen von Leuchtstreifen aus WNW bemerkt.

Örter des ersten Streifens:

$12^{h}48^{m}$	32° + 60°	96° + 59°	130° + 29°	145° + 8°; ein zweiter Streifen tiefer in WNW
12 57	7 + 60	137 + 50	153 + 16	
13 7	355 + 76	160 + 60	168 + 20	
13 17	α Bootis → Drachenkopf; sehr diffus			
13 21	ζ Virginis → α γ Cygni; sehr diffus			

Streifen 2

13 1	89° + 54°	130° + 30°	144° + 10°
13 7	130 + 47	148 + 10	
13 17	2 + 60	142 + 52	161 + 10
13 21	153 + 56 → 2	östlich Saturn	
13 25	Nordmeridian $h = 48°$ → β UMa		
13 32	δ ½ ε UMa		
13 40	Mars → Coma → ζ UMa; Bewegung verlangsamt?		

Streifen 3

13 25	γ Cas – α Leo

Streifen 4

13 25	α Per → Praesepe	
13 33	130° + 30°; kompliziertes System mehrerer Streifen.	
13 43	128 + 44	149 + 12

Untere scharfe Kante des Systems 4

13 46	100° + 59°	150° + 11°	
13 50	100 + 60	138 + 34	152 + 12
13 54	100 + 62	132 + 46	jetzt ziemlich diffus.
13 57	71 + 66	135 + 49	153 + 20

Die Erscheinung zeigte die Tendenz, mehr und mehr diffus zu werden. $14^{h}.0$ Mondaufgang.

Tage ohne Erhellungen: (4), 6, (9), 13, 16, 17, 18, 25

Mai

Tage ohne Erhellungen: 6, 9, 10, 11, 12, 13, 14, 15, 16, (18), 19, 20, 22

Juni

Tage ohne Erhellungen: 2, 3, 4, 5, (6), (7), 8, (9), 10, 11, 12, 13, 15, 19, 20, 22, (24)

Juli

Tage ohne Erhellungen: (2), 3, 4, (6), 8, 9, 10, 11, 13, 15, 16, 17, 18, (19), 20, 22

1950

August

7 $10^h.6$ bis $11^h.1$ schwache Leuchtstreifen am N-Himmel bis 40° hoch. K-Punkt W 40° N. Bewegung nicht mit Sicherheit erkannt, wahrscheinlich sehr langsam aus WSW. Nach 11^h Mondlicht.

9 Horizontlicht verstärkt.

10 Anfangs der Nacht Horizontlicht verstärkt, dann diffuse allgemeine Erhellung. Kurz nach 12^h Andeutung breiter Streifen am N-Himmel mit K-Punkt in NW. Später wieder mehr diffus.

15 Anfangs Himmel ziemlich dunkel. Gegen $10^h.5$ streifenartige Struktur in einer Erhellung am N-Himmel.
12^h15^m bis 25^m Streifen von 3° Breite, maximale Helligkeit etwa gleich der Scutum-Wolke, durch β η Ceti über δ c_2 Aquarii nach ϑ Capricorni.
12 35 nur noch schwach angedeutet.
13 40 Himmel stark diffus erhellt, Maximum unter Auriga, bis gegen Ursa Maior.
13 45 Maximum der Helligkeit wandert nach N, Mitte etwa zwischen UMa und der Gegend unter Auriga.
Bis 13^h55^m langsame Abnahme der Helligkeit und Absinken zum Horizont.
(Beobachter von 12^h15^m ab R. BRANDT)

18 $12^h.5$ Dunkle Lücke zwischen Ursa major und Ursa minor, bald verschwindend.
13.0 Breite diffuse Streifen fächerartig am E-Himmel, der eine durch α ½ β Ari, der andere durch die Plejaden. K-Punkt E 15° S. Horizontlicht von WNW über N und E bis S erheblich verstärkt.
13^h20^m Lage der beiden Streifen: ξ ½ λ Tau – ε Ari und Hyaden – μ Per.
$14^h.2$ Nur diffuse Erhellung am N-Himmel mit kaum merklicher horizontaler Streifung.
14^h18^m Dunkle Spalte am NW-Himmel von μ Her nach ζ ½ η Dra.
14 26 Spalte von π und ϱ Her nach η ½ ϑ Dra. Horizontalknoten etwa W 5° S. Über der Spalte diffuser heller Streifen.
14 33 Die Spalte kaum noch erkennbar.

19 In Wolkenlücke Horizontlicht in N verstärkt, keine genaue Beobachtung wegen Bewölkung. 15^h50^m schwaches strahlenförmiges Nordlicht, schon Dämmerung.

21 Himmel schwach diffus erhellt.

Tage ohne Erhellungen: 5, 6, 8, (12), (13), 14, 20, 22 — Nordlicht am 7., 18., 19., 20.

September

Tage ohne Erhellungen: 11, 12, 13, 14, 19

Oktober

11 $9^h.5$ Schwache diffuse Erhellung, Horizontlicht ziemlich auffällig. — $11^h.2$ Himmel dunkler als zuvor.

14 8.4 Horizontlicht ist in N verstärkt. — $11^h.5$ Horizontlicht nicht stärker als vorher. In großen Höhen Himmel ziemlich dunkel.

15 Schwache diffuse Erhellung.

31 Horizontlicht verstärkt.

Tage ohne Erhellungen: 3, 4, (5), 13

November

13 Durch verschleierte Wolkenlücken schien gegen 16^h eine allgemeine Erhellung sichtbar zu sein.

19 Horizontlicht verstärkt.

Tage ohne Erhellungen: 1, 9

1950

Dezember

4 Wahrscheinlich schwache diffuse Erhellung.

14 Nach Monduntergang ($10^h.4$) Erhellung des NE-Himmels, in der Folgezeit bis westlich von N übergreifend.

$12^h.7$ Streifen und diffus-chaotische Formen ohne starke Kontraste am Osthimmel.
13^h10^m Streifen, $5^\circ.5$ breit, Achse von $198^\circ + 54^\circ$ nach $175^\circ + 33^\circ$
13 19 Dunkler Streifen, $1^\circ.5$ breit, von $191^\circ + 46^\circ$ nach $182^\circ + 37^\circ$
13 23 Oberkante eines Streifensystems von $232^\circ + 54^\circ$ nach $213^\circ + 39^\circ$
13 26 Ovale Dunkelfläche, in der Mitte 6° breit, Achse von $199^\circ + 46^\circ$ nach $185^\circ + 37^\circ$
13 32 Achse eines 3° breiten Streifens von $155^\circ + 38^\circ$ nach $117^\circ + 27^\circ$
13 39 Achse desselben Streifens von $153^\circ + 41^\circ$ nach $124^\circ + 28^\circ$
13 43 Helle Wolke, Achse von $173^\circ + 51^\circ$ nach $140^\circ + 38^\circ$, Schwerpunkt etwa bei $163^\circ + 50^\circ$, hier 7° breit, nach rechts hin streifenartig auslaufend.
13 46 Helle Wolke erfüllt fast den ganzen Raum $\varkappa\,\vartheta\,\beta\,\gamma\,\chi\,\psi\,\lambda$ UMa – 38 Lyn und reicht rechts bis gegen $\alpha\,\beta$ Gem.
13 53 Achse des Streifens durch $\zeta\,\varepsilon$ UMa über $140^\circ + 40^\circ.5$ bis λ Gem. Hellste wolkenartige Stelle bei $160^\circ + 53^\circ$.
13 58 Achse einer dunklen Spalte $142^\circ + 30^\circ \rightarrow 120^\circ + 19^\circ \rightarrow 110^\circ + 14^\circ$.
14 2 Lichtwolke in UMa am selben Ort. Zunahme der Helligkeit des Streifens über der vorerwähnten Lücke.
14 8 Lücke mehr diffus; obere Grenze $176^\circ + 50^\circ \rightarrow$ 38 Lyn $\rightarrow \nu$ Gem. α Vir in diffusem Streifen.
14 13 Achse der Wolke in UMa von $170^\circ + 54^\circ$ nach $134^\circ + 44^\circ$.
14 18 Achse von β ½ γ UMa nach α ½ β Gem.
14 25 Im Raume $\beta\,\delta$ Leo-Coma hat sich eine chaotische Wolke gebildet, nach rechts diffus bis gegen α Leo reichend. Die Wolke zerfloß rasch wieder. Um 14^h31^m liegt der Schwerpunkt bei $170^\circ + 25^\circ$, doch beruht die Verschiebung wohl nur zum Teil auf Winddrift.
14 38 Nur diffuse, wenig auffällige chaotische Formen. Die Streifen in UMa haben sich aufgelöst.
15 1 Lichtflecken bei $220^\circ + 66^\circ$ und $310^\circ + 83^\circ$.
15 10 In W ein System von Streifen, K-Punkt S 15° W.
15 25 Visuell ist die Erscheinung in W überragend diffus.
15 34 Schwacher Streifen von δ Dra über γ Boo. In N fächerartige Streifen vor der Milchstraße mit K-Punkt N 12° E. Es sind also 2 um 90° verschiedene Richtungen zu beobachten.
15 48 Himmel teilweise durch Cs verschleiert. Nur diffuse Erhellungen.

29 $6^h.1$ Segment in NE, obere Grenze mäßig scharf, in etwa 20° Höhe.
7.4 In N 10° W schwache Streifung; obere Grenze weniger scharf.
8.2 Obere Grenze diffus, schwache Helligkeit bis 50° hoch reichend.
9.4 Schwächer und noch diffuser. — Später Mondlicht.

Tage ohne Erhellungen: (3)

1951

Januar

2 Zwischen 10^h und 12^h leicht verschleierte größere Wolkenlücken. Der ganze N-Himmel stark erhellt, offenbar ziemlich gleichmäßig stark von WNW bis ENE. Zuletzt auch in E große Helligkeit. Wegen der Bewölkung war der Charakter der Erscheinung nicht genauer zu ermitteln. Vielleicht war Streifung aus WNW angedeutet. Die Erhellung reichte mindestens bis zum Zenit.

1951

6 Anfangs der Nacht Himmel besonders dunkel, keine Verstärkung des Horizontlichts. Nach Mitternacht allgemeine schwache diffuse Erhellung.

8 Gegen 15^h durch Wolkenlücken mäßig starke diffuse Erhellung in N u. NE bemerkt.

Tage ohne Erhellungen: 9, 10

Februar

3 Bei geringer Durchsicht schien der NE-Himmel diffus erhellt.

4 Nach Einbruch der Nacht diffuse Erhellung mit Maximum in NE, mindestens 50° hoch reichend. Gegen 11^h war das Maximum in E. Später bewölkt.

9 Gegen Mitternacht Horizontlicht in NE etwas verstärkt. Später bewölkt.

Tage ohne Erhellungen: (7), 8, 10, 12, 24

März

3 Schwache Verstärkung des Horizontlichts in NE und NNE, sonst dunkel.

12 $11^h.9$ Sehr schwache diffuse Erhellung.

13^h39^m Sehr schwacher Streifen von 142° − 10° nach 180° 0°, hier mit dem Gegenschein verschmelzend.

13 53 Möglicherweise hat sich der Streifen nach 125° − 4° und 140° + 2° bewegt, aber nicht sicher.

14 2 Schwache diffuse Wolke, Mitte bei 134° + 2°, Durchmesser etwa 5°.

14 18 Mitte könnte nahe dem Kopf von Hydra bei 133° + 4° liegen, aber schwer zu entscheiden.

15 Gegen $15^h.5$, nach Monduntergang, mäßig starke diffuse Erhellung.

Tage ohne Erhellungen: 1, 2, 5, 6, 7, 25, 28, 29, 30, 31

April

24 Zwischen 9^h und 12^h Horizontlicht etwas verstärkt. Später Mondlicht.

Tage ohne Erhellungen: 2, 3, 4, 5, 8, 11, 12, 23, 25, 26, 30

Mai

Tage ohne Erhellungen: 1, 2, 3, 5, 6, 7, (8), 11, 12, 26, 28, 29, 30, 31

Juni

Tage ohne Erhellungen: 7, 13, 14, (29), 30

Juli

Tage ohne Erhellungen: 1, 2, 3, 6, 7, (9), 10, 12, 14, 27, 28, 30, (31)

August

10 12^h20^m Bei kurzer Aufheiterung schwacher diffuser, etwa 6° breiter Streifen mit Längsachse von β Boo nach ε Per. Horizontalknoten etwa W 5° S. Am tieferen N-Himmel, bei Ursa major und darunter, größere Helligkeit, aber durch Wolken gestört.

12 36 Deutlicher, mäßig heller Streifen λ Aql → 1° nördlich von β Aqr → Jupiter.

12 42 Achse dieses Streifens von $0^\circ.5$ südlich ϑ Aql nach α Aqr.

12 47 Achse η Aql → α Aqr ⅓ ϑ Peg → γ Psc. Danach zunehmende Bewölkung.

11 $11^h.5$ Diffuse Erhellung des N-Himmels, ohne jede Struktur, etwa 30° hoch erkennbar.

12.4 Horizontlicht allseitig verstärkt. — Gegen 13^h Bewölkung.

12 12.3 N-Himmel etwa 20° hoch mäßig stark diffus erhellt. Sonstiger Himmel dunkel. Erkennung von Einzelheiten durch Wolken erschwert.

1951

14 $14^h.4$ Horizontlicht in NNE leicht verstärkt, sonst ohne Befund.
28 Horizontlicht in N verstärkt.
31 Horizontlicht am N-Himmel verstärkt.
Tage ohne Erhellungen: 3, 4, 5, 6, 7, 29, 30

September

1 Horizontlicht in N verstärkt.
4 10^h Ohne Besonderheiten.
10.8 Schwacher Streifen von $\alpha\ ^1/_3\ \beta$ Aur nach α UMa; tiefer am Horizont bankartige Erhellung.
11.0 Derselbe Streifen von β Aur nach β UMa. Schwache Wolke bei $8° - 15°$.
11.4 Derselbe Streifen von ϑ Aur nach $144° + 54°$.
12.1 Schwache diffuse Wolke, Mitte etwa bei $242° + 37°$.
12.3 Mitte der Wolke etwa $239° + 43°$, wenig sicher.
12^h28^m Schwache Wolke, Mitte bei $245° + 59°$. Am NNE-Himmel schwache Streifen.
12 38 Dieselbe Wolke, Mitte etwa $235° + 62°$, sehr diffus.
12 52 Mitte der Wolke $222°.5 + 63°$.
$13^h.2$ In NNE nur noch schwache diffuse Erhellung. Größere Helligkeit in NW bis 5° hoch. Sonst ohne Besonderheiten.
14^h15^m Erhellung in NW sehr schwach, aber noch sicher erkennbar.
14 45 NW-Himmel dunkel.
Von den erhellten Stellen abgesehen war der Himmel in dieser Nacht dunkel. K-Punkt der Streifen W 40° N.
6 Horizontlicht in N verstärkt.
22 Kurz nach 8^h diffuse Erhellung des tieferen N-Himmels bemerkt und zunächst für Polarlicht gehalten. Gegen $8^h.5$ zeigte sich, daß sich Leuchtstreifen bis in Polhöhe und über den WNW-Himmel erstreckten, meist schwach und diffus. K-Punkt W 30° S. — Achse eines Streifenteils:

8^h46^m	$231°.5 + 27°$	$\rightarrow$	$237° + 15°$
8 54	$223.5 + 41$	$\rightarrow$	$233.5 + 15$
9 2	$221 + 40$, nur dieser Punkt noch feststellbar.		

Bald darauf Mondlicht.
24 8^h bis 11^h. Himmel in N stark diffus erhellt. Keine Struktur erkennbar. Später teilweise bewölkt und Mondlicht.
25 Von Beginn der Nacht ab große Helligkeit in N, die sich jedoch als Polarlicht erwies, da von 10^h36^m Strahlen auftraten. Daher läßt sich über nicht-polarlichtartige Erhellungen keine Aussage machen. Mondaufgang $12^h.5$.
27 Anfangs der Nacht Himmel dunkel und nirgends Verstärkung des Horizontlichts. Gegen Mitternacht sehr schwache Verstärkung des letzteren in N.
Tage ohne Erhellungen: 3, 5, 7, 9, 10, 12, 21, 29, 30

Oktober

1 $10^h.7$ Horizontlicht in N etwas verstärkt. Später keine Veränderung.
7 8^h bis 10^h Nordlicht. Nach Mitternacht zunehmende Verstärkung des Horizontlichts auch in S. Große Höhen bleiben dunkel (Beob. Ahnert).
26 11^h bis 12^h Geringe Verstärkung des Horizontlichts in N, sonst dunkel (Beob. Ahnert).
27 Geringe Verstärkung des Horizontlichts in N, sonst dunkel. Gegen 15^h Horizontlicht in NE merklich verstärkt, Zodiakallicht? (Beob. Ahnert).
28 Nordlicht.
30 Sehr geringe Verstärkung des Horizontlichts in allen Richtungen.
Tage ohne Erhellungen: 2, 3, 4, 5, 6, 8, 9, 10, (11), 20, 29

1951

November

5 Bei lückenhafter Bewölkung schien gegen $12^h.5$ bis 13^h eine allgemeine diffuse Erhellung mit Bevorzugung des NNE-Himmels zu bestehen.

7 Gegen 14^h Leuchtstreifen in Lücken des Ci und Cs bemerkt (AHNERT). Folgende Beobachtungen von HOFFMEISTER:

$15^h.3$ Über den ganzen N-Himmel erstreckt sich ein System von Streifen, etwa 15° hoch reichend und recht hell. Höher oben nur sehr diffuse schwache Streifen.

16.5 Die Erscheinung am N-Himmel hat ihren Charakter beibehalten. Auch am W- und tieferen S-Himmel sind jetzt Streifen zu sehen.

Streifenörter:

Nr. 1.	$15^h 59^m.0$	Achse 270° + 70°.5 → 234° + 57°. Obere Grenze A Dra → ι Dra, untere Grenze $\zeta \rightarrow \eta \rightarrow \vartheta$ Dra.
	16 7.0	Achse δ Dra → 240° + 56°. Breite des Streifens wie vordem 4°.
	16 12.7	Achse α Cep → 240° + 55°. Die untere Begrenzung wurde darauf diffus.
	16 38.0	Obere Begrenzung durch ξ ν Dra. Später wurde auch der obere Rand diffus.
Nr. 2.	16 38	Achse β Lep → 140° — 23°.
	16 46	Achse ε Lep → γ Lep → o^2 CMa.
	16 57	Achse 85° — 24°.5 → δ CMa.
Nr. 3.	16 40	Diffuser Streifen von α und γ Ceti gegen Perseus.
	17 5	Derselbe Streifen nahezu vertikal aufwärts von 50° — 8° gegen die Hyaden.
Nr. 4.	17 12	Diffuser Streifen, 4° breit, von α 1/4 γ Ceti nach 35° + 34°.
	17 20	Derselbe Streifen von 47° + 4° nach β Persei, rasch nach S schwenkend.
	17 29	Derselbe Streifen von 48° + 8° nach 54° + 35°.

Der K-Punkt lag bei W 30° S. Die Beobachtungen der Bewegung ergeben Widersprüche. Streifen Nr. 1 sank ohne Zweifel nach N ab. Dagegen zeigen die Streifen 2, 3, 4 einheitlich Bewegung nach S. Vielleicht bestanden zwei Systeme mit entgegengesetzter Bewegung, vielleicht waren Vertikalströmungen beteiligt. Die photographischen Aufnahmen bestätigen den beschriebenen Befund.

Tage ohne Erhellungen: 2, (4), 6, 25, 26

Dezember

24 16^h Bei kurzer Aufheiterung allgemeine schwache diffuse Erhellung.

28 $11^h.3$ Geringe Verstärkung des Horizontlichts in N und NE, sonst dunkel.

Tage ohne Erhellungen: 19, 21

1952

Januar

1 Gegen 10^h bei kurzer Aufheiterung Himmel auffällig erhellt. Streifen in N bis 30° hoch, Streichrichtung NW — SE (Beob. LIPPMANN, Leiter der Wetterwarte Sonneberg).

3 Nach 15^h wird in NNE das Aufkommen eines Leuchtstreifens bemerkt, der bis $16^h.6$ beobachtet werden konnte.

Visuell beobachtete Achsenpunkte des Hauptstreifens (Aequinoctium 1952.0)

$15^h.4$ Von 0°.5 unter α Lyr nach ι 1/2 δ Cep. Wegen der Milchstraße schwer erkennbar. Horizontalknoten etwa E 20° N.

15.6 Von 0°.5 über α Lyr nach ι 1/3 δ Cep.

1952

16^h2^m	269°4 + 30°0 → 274° + 51° → 289°5 + 67° → 355° + 76°8
16 11	267.0 + 28.5 → 265.5 + 51.8 → 330 + 87. Am Ostende kaum 3°, in der Mitte 5° breit; am 3. Ort diffus.
16 17	265.6 + 28.0 → 262.7 + 37 → 256.5 + 52 → 252 + 62.5 → 160 + 87.0
16 22	264.3 + 27.5 → 259.0 + 37 → 245.0 + 60 → 230 + 74 → 220 + 78
16 27	263.1 + 27.0 → 255.6 + 35.5 → 235 + 60 → 210 + 71.8
16 32	261.8 + 26.4 → 255.3 + 36 → 247.8 + 42.9 → 230 + 57.8 → 205 + 69.5 → 93 + 40
16 37	210 + 64.6 → 185 + 70 → 160 + 70.9 → 102 + 35

Seitlich des Hauptstreifens bestanden einige schwächere Parallelstreifen, besonders einer in E auf der linken Seite. Der sehr auffällige Hauptstreifen war ähnlich einem Kometenschweif, unten schmal und scharf begrenzt, nach oben breiter und diffuser. Gegen 16h5 wurde der östliche Teil jedoch schwach und diffus mit Unregelmäßigkeiten im Verlauf, wogegen der zenitnahe Teil seinen Charakter behielt, jetzt sogar mit ziemlich scharfen Rändern. Gegen 16h6 trat Trübung ein.

5 16h3 Himmel dunkel.

16^h26^m Schwacher Streifen in NW unterhalb der Milchstraße, kaum mit Sicherheit erkennbar,
10° + 53°6 → 45° + 38°2 → 60° + 23°5.

16 34 10 + 55.6 → 47.5 + 42.0 → 65 + 27.7.

16 52 Etwa von $\varkappa$ Per nach 0°5 über α Ori, schwer erkennbar und durch Milchstraße gestört. Der Streifen hat offenbar eine Bewegungskomponente in seiner Längsrichtung.

17 6 Ohne Befund; Milchstraße stört.

16 Vor Mondaufgang leichte Verstärkung des Horizontlichts in N.

Tage ohne Erhellungen: —

Februar

27 8^h–11^h Himmel wahrscheinlich schwach diffus erhellt. Später bewölkt.

Tage ohne Erhellungen: (5), 14, 15, (16), 23

März

Tage ohne Erhellungen: 22, 27

April

Tage ohne Erhellungen: 13, 17, 18, 19, 28, 29, 30

Mai

Tage ohne Erhellungen: 1, (16), 17, 18, 19, (20), 21, (22), 30

Juni

Tage ohne Erhellungen: 12, 16, 19, 20, 21, 26, 27, 28, 29, 30

Juli

21 Von 12^h45^m bis zur Dämmerung schwache Leuchtstreifen in E.

Tage ohne Erhellungen: 1, 3, 4, (10), 13, (14), 16, (17), 22, 23, 24, 26, 27, 30, 31

August

19 Schwache allgemeine Erhellung.

Tage ohne Erhellungen: 1, 3, 10, 11, 14, 15, 16, 17, 23, 24, (25), 26, 27, 28

1952

September
Tage ohne Erhellungen: (14), 15, 16, 28

Oktober
Tage ohne Erhellungen: 9, 10, 12, 17, 18

November
25 Geringe Verstärkung des Horizontlichts in N, strukturlos.
Tage ohne Erhellungen: (6), 16, 17, 21, 24

Dezember
Tage ohne Erhellungen: (7), 8, 9, (16)

1953

Januar
Tage ohne Erhellungen: 13, 14, 17

Februar
Tage ohne Erhellungen: (7)

März
Tage ohne Erhellungen: 5, 6, (7), (8), (11), 14, 15, 16, 17, 18, 19, 20, 21, 22, 23

April
Tage ohne Erhellungen: (1), (2), 3, (4), 5, (6), 7, 10, 11, 12, 16, 17, 18, 19, 20, 21

Mai
Tage ohne Erhellungen: 2, 3, (4), 5, (11), (12), 15, (16), 17, (18), 19, (20), 25, 26, (27), 28

Juni
Tage ohne Erhellungen: 3, 4, 5, 6, 7, 9, (11), 14, (17), 19, 20

Juli
11 Mitternachtsdämmerung erscheint verstärkt (Leuchtende Nachtwolken ?).
Tage ohne Erhellungen: (3), 4, 5, 6, (7), 8, 10, 16, 17, 19, 20, 21

August
Tage ohne Erhellungen: 1, 2, 3, (4), 6, 7, 8, 9, 10, 11, 12, 13, 14, 15, 17, 18, 19, 31

September

3	11^h	N-Himmel diffus erhellt.
5	11.0	N-Himmel ziemlich stark, Himmel allgemein schwach diffus erhellt.
	15.3	N-Himmel nicht mehr erhellt, aber Milchstraße wenig hervortretend.
6	11	N-Himmel erhellt.
7	11.0	N-Himmel erhellt; S-Himmel und Zenitgegend dunkler als Sept. 5; Milchstraße zeigt guten Kontrast.
8	10^h24^m	Nordschein wie an den Vortagen. Größte Helligkeit etwa im Azimut von δ 2/3 ε UMa. Himmel sonst dunkel. — Der Schein ist mindestens bis zur Höhe 20° zu erkennen.
14	10 22	Nordschein dürfte etwas schwächer als bei den vorausgegangenen Beobachtungen sein; Maximum etwa im Azimut ε ½ ζ UMa. Himmel im übrigen mäßig dunkel, aber Horizontlicht allseitig etwas verstärkt.

1953

	15^h55^m	NNW dunkel, Helligkeit nach E hin stetig ansteigend und in das Zodiakallicht übergehend.
15	10 53	Himmel dunkel, Horizontlicht normal. Nordschein ziemlich schwach, Maximum im Azimut δ ½ ε UMa.

Tage ohne Erhellungen: 1, 2, 4, (9), 10, 13, 16, 17, 27, 30

Oktober

1	$11^h.3$	N-Himmel scheint heller als normal.
31	10.2	Himmel schwach diffus erhellt, besonders in N.

Tage ohne Erhellungen: 2, 3, 4, 7, 8, 9, 11, 12, 14, 27

November

1	12^h	Himmel augenscheinlich dunkler als gestern. Helligkeit in NE, die bis gegen $\iota\varkappa$ und $\lambda\mu$ UMa reicht, könnte dem Zodiakallicht zugeschrieben werden.
24		Von 6^h ab bis zum Mondaufgang vor 8^h mäßig starke, diffus-streifige Erhellung von N bis NE.
25	6	Leuchtstreifen in N, von NE bis NW, etwa 15° hoch reichend.
	8.7	Die Erscheinung ist in N sehr stark, bis 30° hoch reichend, oben nur schwache Helligkeit. Sie ist streifig-chaotisch. Zwei Streifensysteme: lange diffuse Streifen mit K-Punkt etwa W 10° N, und in NNW einige kurze Streifen mit K-Punkt N 10° E.
27	9	Schwache diffuse Erhellung in NNE; Wolken stören etwas.

Tage ohne Erhellungen: 1, (4), 16, (28)

Dezember

2	$11^h.2$	Himmel mäßig dunkel, Horizontlicht normal, NNE etwas heller als S.
6	11	Horizontlicht schwach und gleichmäßig.

Tage ohne Erhellungen: 2, 4, 5, 6, (7), 8, (31)

1954

Januar

4	$11^h.3$	Horizontlicht in NE merklich verstärkt (in NW Milchstraße).
	16.0	Himmel diffus erhellt, Horizontlicht in NW unter der Milchstraße merklich. Tiefer S-Himmel bewölkt, darüber in etwa 45° Höhe ein breiter heller Streifen; jedoch viel Schneestaub in der Luft, daher keine sicheren Beobachtungen.
5	7.0	N-Himmel erhellt, Maximum in WNW; keine merklichen Veränderungen; später bewölkt.
24	11	Horizontlicht in NE verstärkt, in N normal. Himmel etwas erhellt.
25	7.3	Horizontlichtsaum in N bis 10° Höhe auffällig, darüber Himmel dunkel.
26	7.1	NE schwach diffus erhellt, ohne obere Grenze.
	11.0	Erhellung jetzt in NNE, schwach.
27	8.3	Horizontlicht in NE gering verstärkt.
	11.1	Horizontlicht in NE sehr auffällig, 20° hoch, von N bis SE reichend.

Tage ohne Erhellungen: 1, 2, 8, (23), 28, (29), 30, 31

Februar

4	$8^h.1$	Horizontlicht in NE etwa 10° hoch, leicht verstärkt.
	10.8	Horizontlichtsaum in NE 15° hoch, sonst ohne Besonderheiten. (Der Befund dieser Nacht weicht kaum vom Normalen ab)
5	10.8	Horizontlicht in NE verstärkt, etwa so hell wie das Zodiakallicht bei $\alpha = 27°$ $\delta = +3°$. Himmel wohl allgemein etwas heller als in den vorausgegangenen

Nächten. Die Verstärkung des Horizontlichts ist auch auf der Westseite der Milchstraße in NW zu sehen.

5 $16^h.5$ Himmel in N ohne Besonderheiten; keine merkliche Verstärkung des Horizontlichts unter der Milchstraße.

6 10.8 Horizontlicht allseitig merklich, aber ohne Besonderheiten.

Tage ohne Erhellungen: 1, 2, 20, 21, 22, 23, (24)

März

7 $11^h.0$ Horizontlicht merklich, aber nicht auffällig.

Tage ohne Erhellungen: (1), (2), 3, (5), 6, 8, 9, 10, 21, 22, 23, 27, 28

April

23 10^h Himmel schwach diffus erhellt. Horizontlicht wegen Milchstraße nicht sicher zu beurteilen.

Tage ohne Erhellungen: 9, 10, 11, 22, 24, (25), 26, 27, 28, 29, 30

Mai

Tage ohne Erhellungen: (1), 2, 5, 9, 21, 22, (23), 24, 25, 26, 27, 28, 30

Juni

Tage ohne Erhellungen: 2, 3, 5, 9, 24, (25), 26, 27, 28, 29

Juli

Tage ohne Erhellungen: 5, 6, 28, (30), 31

August

28 — N-Himmel diffus erhellt.

30 — N-Himmel schwach diffus erhellt.

Tage ohne Erhellungen: 1, 2, 3, 4, 5, (6), 7, (10), 24, (26), 31

September

1 $14^h.2$ In NW, von N bis zur Milchstraße in W, 5° hohe helle Bank, oben mäßig scharf begrenzt. Himmel sonst ohne Besonderheiten.

Tage ohne Erhellungen: 2, 3, 5, 23, 24, 27, 28

Oktober

Tage ohne Erhellungen: 2, 3, (22), (24), 26, (27), 29, 31

November

Tage ohne Erhellungen: 1, 4, 5, 13, 14, (15), (16), 18, 20, 21, 23, 28

Dezember

1 $10^h.8$ Von dieser Zeit ab helle Bank in N beobachtet. Scheitel in NNW etwa 13° hoch

11^h28^m Streifen von α Cyg nach rechts horizontal gegen ζ ½ η Dra, schwacher Streifen etwa 5° höher.

11 35 Oberkante der Bank genau durch γ Dra. Streifen von α Cyg unverändert. Bald darauf Nebel zu dicht.

16 40 Himmel allgemein diffus erhellt. Bank etwa 15° hoch von W bis zur Milchstraße in NNW. Rechts der Milchstraße in NE ist der Himmel dunkler.

Tage ohne Erhellungen: 15, 16, (20), 30

1955

Januar

3 — Himmel diffus erhellt.
19 — Leichte Erhellung, aber wahrscheinlich durch schwachen Dunst verursacht.
20 — Horizontlicht in N etwas verstärkt.
Tage ohne Erhellungen: (14), 17, 21, 23, 27, 28, (29)

Februar

25 $10^{h}.7$ Horizontlicht in N beiderseits der Milchstraße von NW bis E verstärkt. Dipl.-Physiker G. Jackisch beobachtete lichtelektrisch eine Zunahme der Himmelshelligkeit im Zenit.
Tage ohne Erhellungen: 15, (17), 18, (21), 22, (23), (24), 26, 27, 28

März

17 9^{h}—10^{h} Allgemeine schwache diffuse Erhellung. Am N-Himmel stört die Milchstraße.
Tage ohne Erhellungen: 1, 2, 3, 11, (12), (14), (19), 20, 24, (25), 29

April

Tage ohne Erhellungen: 2, (11), 12, 18, 19, 20, 21, 22, 24, 25, 26, 28, 29

Mai

Tage ohne Erhellungen: 10, 11, 12, 13, 15, 16, 18, 20, 21, 24, 25, 26, 30

Juni

Tage ohne Erhellungen: (10), 11, 16, 17, 18, 19, 20, (24), (25), (28)

Juli

Tage ohne Erhellungen: 13, 15, 16, 17, 23, 24, 25, 26, 27

August

23 — Himmel weißlich, aber dünner Ci.
24 $10^{h}.2$ Bei guter Klarheit scheint der N-Himmel bis 20° Höhe leicht erhellt.
Tage ohne Erhellungen: 11, 12, 14, 15, 16, 17, 20, 21, 22, 25, 26, 27, 28, 29

September

13 — Schwach diffus erhellt.
18 11^{h} Horizontlicht in NNW bis NE etwas verstärkt.
Tage ohne Erhellungen: 8, 9, 11, 19, 20, 21, 22, (23), 24, 26, 27, 28

Oktober

10 — Horizontlicht merklich, offenbar sehr schwache diffuse Erhellung.
Tage ohne Erhellungen: 8, 9, 11 (HL schwach), 12, 15, 16, 18, 19, 20, 23, 24

November

7 $7^{h}.5$ Am N-Himmel Horizontlicht verstärkt.
10.4 Die Erscheinung hat an Helligkeit zugenommen, ist aber völlig diffus und oben unscharf begrenzt.
11.9 Im Meridian links von η UMa, 1° höher als dieser, ein kurzer Leuchtstreifen, von links nach rechts etwas ansteigend.
$12^{h}3^{m}$ Ort des Streifens 220° + 51°.5 → 205° + 52°.5
12 12 „ „ „ 222 + 49.3 → 205 + 50.5, Wolken stören.
12 19 „ „ „ 222.5 + 47.9 → 207 + 49.3, Schwer zu sehen, der obere Rand genau durch η UMa.

1955

21 — N-Himmel diffus erhellt.

Tage ohne Erhellungen: (5), (6), (8), 15, (17), 18, (25)

Dezember

12 — Horizontlicht etwas verstärkt.

18 — Horizontlicht verstärkt.

19 — Um $10^h\!.5$ und $11^h\!.7$ fand ich den Himmel dunkel, die Milchstraße sehr kontrastreich, um 17^h ohne Besonderheiten bei tief liegender Milchstraße. Nach Aussage der Beobachter HUTH und LÖCHEL war jedoch der Himmel von 13^h bis 16^h in auffallender Weise diffus erhellt.

Tage ohne Erhellungen: 8, 11

1956

Januar

6 — Horizontlicht in N verstärkt.

7 — Anfangs der Nacht Horizontlicht schwach, von etwa $11^h\!.5$ ab in N deutlich verstärkt, gegen 13^h ringsum auffällig.

$13^h\!.7$ Himmel allgemein schwach diffus erhellt.

15 Himmel scheint dunkler geworden.

13 7.3 Keine Erhellungen.

12 Horizontlicht verstärkt, besonders in E.

29 6.5 N- u. E-Himmel diffus erhellt.

7.0 Erhellung mit Struktur.

7.1 Diffuser Streifen von $\beta\,\gamma$ Dra gegen $\varepsilon\,{}^1/_2\,\zeta$ UMa hin.

7.6 Stufe von $265^\circ + 49^\circ\!.5$ nach η UMa.

7.7 Nur sehr diffuse Streifen, K-Punkt WNW. Himmel in N und E bis 50° hoch diffus erhellt; danach Mondlicht.

30 — Himmel in NE diffus erhellt; Beob. durch Cs erschwert.

31 — Himmel in NE und N von der Dämmerung ab erhellt. Nach 8^h diffuse Erhellung über den ganzen Himmel ausgedehnt.

8.8 Ausgeprägte Streifenform am SW-Himmel.

8^h53^m Hauptstreifen 3° breit $2^\circ + 22^\circ \rightarrow 25^\circ + 17^\circ \rightarrow 50^\circ + 10^\circ$

9 12 Hauptstreifen $2^\circ + 19^\circ \rightarrow \alpha$ Cet $\rightarrow \beta$ Eri, darüber und darunter sehr schwacher Streifen angedeutet. In NE andauernd sehr hell. Die ganze Erscheinung, außer am SW-Himmel, ist diffus-chaotisch.

9 33 Hauptstreifen $3^\circ + 16^\circ \rightarrow \gamma$ Cet, hier in stumpfem Winkel abgebogen $\rightarrow 78^\circ - 13^\circ\!.5$.

9 48 Die Erscheinung am SW-Himmel ist jetzt chaotisch-streifig; der vordem beobachtete Streifen ist nicht mehr zu identifizieren.

10 2 Streifen am NE-Himmel, der auffälligste von β UMi gegen δ Leo hin.

10 14 Zwei Hauptstreifen, der eine zwischen δ und ε UMi gegen δ Leo, der andere, breitere, den Raum ζ—η UMa ausfüllend und gegen β Leo verlaufend.

10 30 Der höhere der beiden Streifen durch δ UMa nach δ Leo. — Bald darauf Mond.

Tage ohne Erhellungen: 3, 10

Februar

1 $7^h\!.3$ NE-Himmel erhellt; keine genauen Beobachtungen möglich, schlechte Durchsicht, Schneestaub.

10.2 Obere Grenze der stärkeren Helligkeit in N etwa durch η Dra.

10.8 Grenze durch β Cep und η Dra. Himmelszustand jetzt besser, aber keine Streifen zu erkennen.

1956

2 $7^h_.3$ Himmel sehr viel dunkler als an den beiden Vortagen. Nur in NNE ein Lichtschein, der nach oben, sehr diffus, bis etwa ζ UMa zu erkennen ist. — Nach 8^h bewölkt.

Tage ohne Erhellungen: 4, 5, 6, 7, 8, 9, 10, 11, (12), (13), (14), 15, 16, 20

März

Tage ohne Erhellungen: 4, 7, 8, 9, 10, (11), 12, 15, 16, 17, 19, 20, 21

April

2 — Himmel diffus erhellt.

30 — Himmel weißlich, ohne Struktur.

Tage ohne Erhellungen: 3, 4, 5, 6, 7, 9, 10, 11, 27, 29

Mai

Tage ohne Erhellungen: (1), 3, 4, 5, 6, 7, 8, 9, (10), 11, 12, 15, 16, 28, 29, 30

Juni

Tage ohne Erhellungen: 1, 2, 3, 4, 5, 6, (7), 17, 18, 30

Juli

Tage ohne Erhellungen: 1, 3, 5, 6, 7, 8, 9, 12, 13, 15, 17, 20, 30

August

5 10^h58^m Schwacher Strahlenfächer am WNW-Himmel bemerkt. Dunkle Lücke von α CVn gegen ε und ζ UMa hin; weiter links mehrere Streifen.

11 8 Erscheinung kaum verändert, diffuser geworden. Die Lücke hat ihre Lage zu den Sternen nicht verändert. Horizontalknoten W 25° N.

11 16 α CVn am rechten Rande der 2° breiten Lücke, deren Achse auf ζ UMa gerichtet ist.

11 29 Die Lücke nicht mehr sicher zu identifizieren. Dunkler Streifen von κ ζ Boo nach β Her.

11 34 Achse des Streifens κ Boo → 1° nördlich von β Her.

11 39 Achse des Streifens ζ ½ α Boo → β ½ ζ Her.

11 43 Streifen diffus geworden.

11 45 Auch bei α Ser in WSW Streifen.

11 56 Östlich der Milchstraße ein System diffuser Streifen, demselben K-Punkt wie oben angegeben zugehörig, in Capricornus und Aquarius. Milchstraße in Sagittarius kontrastarm, offenbar ist der Himmel dort stark aufgehellt.

12 6 Die Streifen erstrecken sich jetzt über den ganzen Himmel und sind u. a. in Aries, Pegasus und Andromeda zu sehen, doch fehlen ausgeprägte Formen.

12 12 Am W-Himmel ist die Erscheinung jetzt mehr chaotisch als streifig.

12 25 Streifen von 200° — 13° nach 320° — 22°, sonst nur diffuse Formen; auch am E-Himmel keine deutlichen Streifen mehr.

12 31 Achse des Streifens υ Sgr → 320° — 21°.

12 41 Achse von 305° — 17°5 nach κ ε Cap.

12 46 Achse von 305° — 17° über δ Cap nach 325° — 18°5.

12 53 Achse von β Cap nach γ Cap; ein zweiter Streifen von ϑ Aql nach β Aqr. In Pegasus wolkenartige Gebilde, die auf einen K-Punkt in NW hinweisen.

12 59 Der zweite Streifen hat sich mit seinem rechten Teil rasch nach N bewegt und liegt jetzt, ziemlich diffus, von β Aql nach 323° — 5°. Er hat also auch einen abweichenden Horizontalknoten.

1956

5	$13^h\ 5^m$	Der Streifen in Capricornus ist nicht mehr sicher zu identifizieren, der zweite Streifen wolkenartig ausgebreitet von γ Aql nach $\alpha\ ½\ \beta$ Aqr. Wolkenartige Streifen auch in UMa mit K-Punkt in NW.
	13 10	Die Achse der Wolke etwa von $303° + 10°$ nach $330° - 2°.5$, wenig sicher. Ein relativ schmaler Streifen von $270° + 66°$ nach $240° + 58°$.
	13 18	Der vorbezeichnete Streifen geht etwa durch η Dra, ändert jedoch seine Form rasch.
	13 25	Der Streifen hat sich wolkenartig verbreitet, Mitte etwa $241° + 62°$.
	13 30	Mitte der Wolke $236° + 63°$, relativ sicher.
	13 33.5	Mitte der Wolke $232° + 65°$.
	13 38	Wolke wird sehr schwach, Mitte etwa $226° + 66°.5$. — Ein deutlicher Streifen in Capricornus, sonst viele diffuse und chaotische Formen.
	13 44	Deutlichster Teil des etwas gebogenen Capricornus-Aquarius-Streifens $321° - 7°.5 \rightarrow 343° - 17°$.
	13 49	Streifen jetzt durch β und δ Aqr. — Wolke bei $201° + 73°$, vielleicht mit der vordem beobachteten identisch.
	13 53	Streifen in Aquarius verbreitert und diffus, etwa von $325° - 5°$ nach $345° - 14°$. — Wolke in UMi verändert sich rasch. — Alle Streifen und Lücken weisen jetzt auf den K-Punkt in NW, doch ist der Gesamteindruck mehr chaotisch als streifig.
	14 0	Keine ausgeprägten Formen mehr, aber fast überall kurze Streifen und schwache Wolken. Intensität außer am SW- und NE-Horizont gering. Milchstraße auch in den schwächeren Teilen gut zu sehen.
8	12 24	Nachdem die Nacht schon seit etwa 11^h als schwach diffus erhellt bei verstärktem Horizontlicht erkannt war, sind jetzt zwei sehr schwache diffuse Streifen sichtbar, der eine senkrecht in NW, Mitte etwa $2°.5$ links von η Dra, der andere etwa auf $\beta\gamma$ Dra weisend.
	12 35	Die Streifen sind nicht mehr zu erkennen.
9	—	Erhellung beobachtet, wahrscheinlich nur die diffuse Form; nähere Angaben fehlen.
12	11	N-Himmel diffus erhellt, offenbar verstärktes Horizontlicht.

Tage ohne Erhellungen: 4 (N-Horizont bewölkt), 7, (13), 14, (15), 31

September

5	11^h	N-Himmel erhellt; teilweise Bewölkung (Cs) erlaubt keine genaue Beobachtung. Auch in E, in der Gegend der Hyaden, starkes Horizontlicht. Andere Gegenden wegen Bewölkung nicht zu beurteilen.

Tage ohne Erhellungen: 1, 2, 4 (Nordlicht), 6, 8 (Nordlicht), 9, (10), 24, 30

Oktober

31	—	N-Himmel schwach diffus erhellt.

Tage ohne Erhellungen: 1, 3, 6, 7, 8, 10, 11, 15, 25, 27

November

1	—	N- und NE-Himmel stark diffus erhellt; obere Grenze etwa 8° hoch.
2	14^h	NE-Himmel wahrscheinlich diffus erhellt.
21	7	Am N-Himmel Lichtbank, die oben in etwa 7° Höhe diffus begrenzt und vielleicht schwach streifig ist. Von $7^h.5$ ab Mond.
22	8	Helligkeit in N und NE, unscharf begrenzt.
23	—	Himmel offenbar schwach diffus erhellt. Dunst stört.

1956

24 — N- und NE-Himmel erhellt: anfangs diffus, gegen 10^h mit mäßig deutlicher Grenze bei 15° Höhe, gegen 11^h wieder ganz diffus und auf höhere Teile des Himmels ausgedehnt. Von $11^h.6$ ab Mond.

Tage ohne Erhellungen: 3, 8, 20, (30)

Dezember

Tage ohne Erhellungen: 1, 6, 19, 22, 26, 27, (28), 29, 30, 31

1957

Januar

22 — Himmel diffus erhellt.

$12^h\ 0^m$ Am E- und am W-Himmel sehr schwache Streifen, Horizontalknoten etwa NNE.

12 42 Hoch in SE ein breiter, oben diffuser Streifen, dessen unterer scharfer Rand von 1° unter α Leo nach β Leo verläuft.

12 54 Der Streifenrand verläuft von α Leo nach ϑ Leo; Horizontalknoten etwa E 35° N. In NW bis 24° Höhe starke Streifen, horizontparallel.

13 4 Streifenrand durch δ Leo und Coma Berenices, Streifen sehr hell. In NW Streifen bis zur Höhe von Perseus und Auriga.

13 7 Streifenrand $0^\circ.5$ nördlicher, Streifen rasch diffus geworden.

13 19 Streifen sehr diffus, unterer Rand $169° + 30° \rightarrow 190° + 32°$.

13 28 Streifenrand etwa $0^\circ.5$ unter α CnV, schwer erkennbar.

29 — Nachdem von $6^h.9$ bis gegen 9^h schwaches Nordlicht aufgetreten war, bestand von 11^h ab eine diffuse Erhellung des ganzen Himmels, ohne Struktur, kaum verändert bis etwa $15^h.5$.

Tage ohne Erhellungen: 1, 6, 8, 17 (Himmel dunkel), 21 (starkes Nordlicht), 23, 27

Februar

2 13^h In größeren Wolkenlücken zeigt sich der N-Himmel bis in große Höhe stark erhellt. Die Bewölkung erlaubt nicht, Einzelheiten zu beobachten.

17 9.0 Schwache Erhellung in N um den Meridian. Nach $9^h.7$ Mond.

Tage ohne Erhellungen: 3, 4, 5, 7, 19, 21, 22, 23, 26, (27)

März

Tage ohne Erhellungen: 1 (Nordlicht), 2 (Nordlicht), 3, 4, 5, 8, 9, (11), 20, 21 (schwaches Nordlicht), 22, 23, 26, 31

April

19 — Von 11^h bis $12^h.5$ scheint die Milchstraße in N durch diffuse Schleier überlagert.

Tage ohne Erhellungen: (1), 2, 3, 4, 5, 7, 8, 17, 22, 23, (24), 27, 28, 29, 30

Mai

Tage ohne Erhellungen: 1, 3, 4, 8, 13 (Totale Mondfinsternis), 17, 18, 20, 23, 25, 26, 27, 28, 29, 30, 31

Juni

Tage ohne Erhellungen: 1, 2, 5, 6, 16, 17, 18, (19), 20, (25) (Dunst), (26), (27), 28, 29, 30 (Nordlicht)

Juli

Tage ohne Erhellungen: 1, (2), 3, 4, 5, 6, 21, (24), 31

1957

August

Tage ohne Erhellungen: 1, 2, 3 (Nordlicht), 4, 5, 18, 19, 21, 22, 23 (N bewölkt), 24 (herbstlicher Nordschein sehr deutlich), 28, 29 (Nordlicht), 30, (31)

September

23 — Von 10^h45^m bis 11^h0^m schien der N-Himmel in Wolkenlücken bis zur Höhe von Ursa Maior erhellt. Keine Entscheidung möglich, ob Leuchtstreifen, herbstlicher Nordschein oder Polarlicht.

24 — N-Himmel diffus erhellt. Wegen teilweiser Bewölkung schwer zu beurteilen.

Tage ohne Erhellungen: 2 (Nordlicht), 3, 4 (Nordlicht), (16), (17), (19), 20, 25, 26 (schwacher, normaler herbstlicher Nordschein), 29 (Nordlicht), 30

Oktober

Tage ohne Erhellungen: 1, 2 (Himmel dunkel), 4, 13, 15, 18, 20, 21, 23, 25, 26, 28, 29, 30

November

Tage ohne Erhellungen: 1, 2, 16, 17, 20, 21, 29, 30

Dezember

24 — Nach Mitternacht bei teilweiser Bewölkung N-Himmel mäßig stark, offenbar diffus, erhellt.

25 — Befund ebenso wie in der Vornacht.

Tage ohne Erhellungen: (11), (12), (22), (23), 26, 27

VERÖFFENTLICHUNGEN DER STERNWARTE SONNEBERG
DER DEUTSCHEN AKADEMIE DER WISSENSCHAFTEN ZU BERLIN

Band I

Heft 1 CUNO HOFFMEISTER
Zur Photometrie der Milchstraße
1947. 42 Seiten — gr. 8° — DM 6,—

Heft 2 PAUL AHNERT / CUNO HOFFMEISTER / EVA ROHLFS / A. v. d. VOORDE
Die veränderlichen Sterne der nördlichen Milchstraße. Teil IV
1947. 156 Seiten — gr. 8° — DM 10,—

Heft 3 PAUL AHNERT / CUNO HOFFMEISTER / EVA ROHLFS / A. v. d. VOORDE
Die veränderlichen Sterne der nördlichen Milchstraße. Teil V
1949. 198 Seiten — gr. 8° — DM 15,—

Heft 4 HERIBERT SCHNELLER
Eine einfache Methode zur Bestimmung der Systemkonstanten bei Bedeckungsveränderlichen
1949. 52 Seiten — gr. 8° — DM 7,25

Heft 5 PAUL AHNERT / CUNO HOFFMEISTER / EVA ROHLFS
Die veränderlichen Sterne der nördlichen Milchstraße. Teil VI
1951. 92 Seiten — 54 Abbildungen mit beiliegendem Inhaltsverzeichnis des 1. Bandes — gr. 8° — DM 13,—

Band II

Heft 1 EVA AHNERT-ROHLFS
Zur Struktur und Entstehung des Perseidenstroms
1952. 40 Seiten — 15 Abbildungen — 3 Tabellen — gr. 8° — DM 4,80

Heft 2 CUNO HOFFMEISTER / EVA AHNERT-ROHLFS / PAUL AHNERT / HANS HUTH / WALDEMAR GÖTZ
Die veränderlichen Sterne der nördlichen Milchstraße. Teil VII
1954. 110 Seiten — 24 Abbildungen — gr. 8° — DM 11,80

Heft 3 PAUL AHNERT
Der Lichtwechsel von 46 hellen Mirasternen
1954. 96 Seiten — 4 Abbildungen — 18 ganzseitige Tafeln — 6 Tabellen — gr. 8° — DM 10,—

Heft 4 CUNO HOFFMEISTER
Zählungen der Meteore in Südwestafrika 1937 bis 1938
1955. 32 Seiten — gr. 8° — DM 3,—

Heft 5 W. GÖTZ — W. WENZEL
Die veränderlichen Sterne der nördlichen Milchstraße. Teil VIII
1956. 88 Seiten — 44 Abbildungen — gr. 8° — DM 12,—

Heft 6 NIKOLAUS RICHTER
Experimentelle Untersuchungen zur Beleuchtung staubförmiger Wolken. I. Teil — Grobe Partikel
1956. 24 Seiten — 14 Kunstdrucktafeln — gr. 8° — DM 7,—

(Fortsetzung siehe 4. Umschlagseite)

FSC
www.fsc.org
MIX
Papier | Fördert gute Waldnutzung
FSC® C083411

Zeitfracht Medien GmbH
Ferdinand-Jühlke-Straße 7
99095 Erfurt, Deutschland
produktsicherheit@kolibri360.de